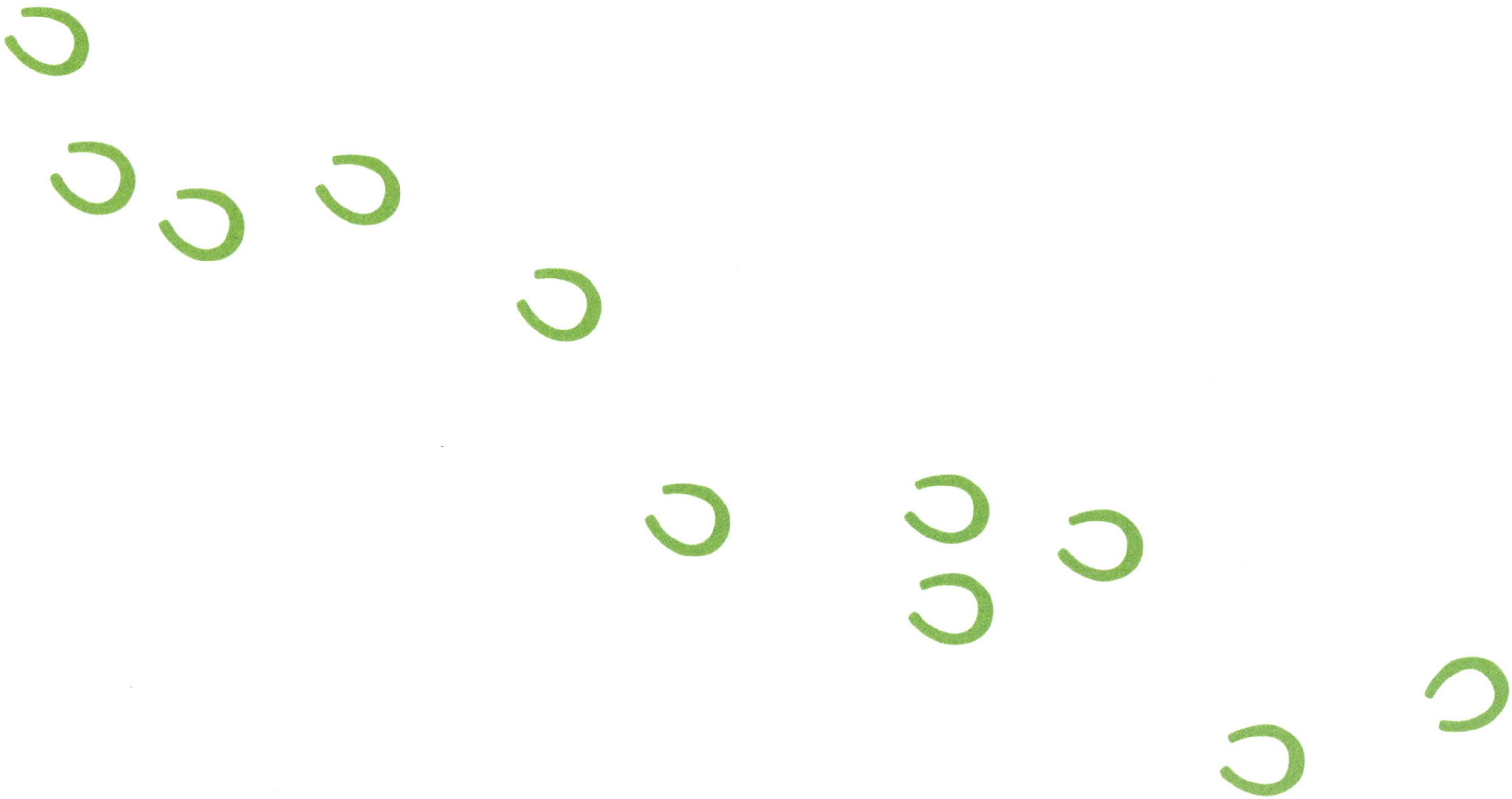

BERTELSMANN

Mein erstes Bildlexikon Tiere auf dem Bauernhof

Bertelsmann Lexikon Institut

Chefredaktion: Dr. Beate Varnhorn
Projektleitung: Anke Braun
Redaktion: Anke Braun, Antje Kleinelümern-Depping
Autorin: Antje Kleinelümern-Depping
Illustrationen: SCHINKEL Medien & Design/Berlin, Petra Dorkenwald/München
Bildredaktion: Stephanie Grote
Layout und Cover: SCHINKEL Medien & Design/Berlin
Datenaufbereitung und Satz: SCHINKEL Medien & Design/Berlin
Herstellung: Hartmut Fichtner

ISBN-10: 3-577-10270-5
ISBN-13: 978-3-577-10270-4

www.lexikoninstitut.de

Inhalt

Tiere an Land

Tiere im und am Wasser

Tiere in der Luft

Das Rind

Die weiblichen Rinder heißen Kühe, die Männchen Stiere oder Bullen und die Jungen Kälber. Es gibt sehr viele verschiedene Rinderrassen. Bei uns sieht man meistens die gefleckten Rotbunten und Schwarzbunten oder das einfarbige Braunvieh.

Rinder sind Wiederkäuer

Beim Weiden verschlingen die Rinder Grasbüschel, ohne sie zu zerkauen. Erst wenn sie genug gefressen haben, legen sie sich hin, würgen das Gras wieder hoch und zerkauen es solange bis ein Brei entsteht, den sie besser verdauen können.

Steckbrief

Größe
rund 1,40 Meter Schulterhöhe

Gewicht
Kuh rund 650 Kilogramm, Stier rund 1 000 Kilogramm

Nahrung
sie fressen frisches Gras, Kräuter, Heu, Getreide, Rüben und Gärfutter

Verbreitung
auf allen Erdteilen

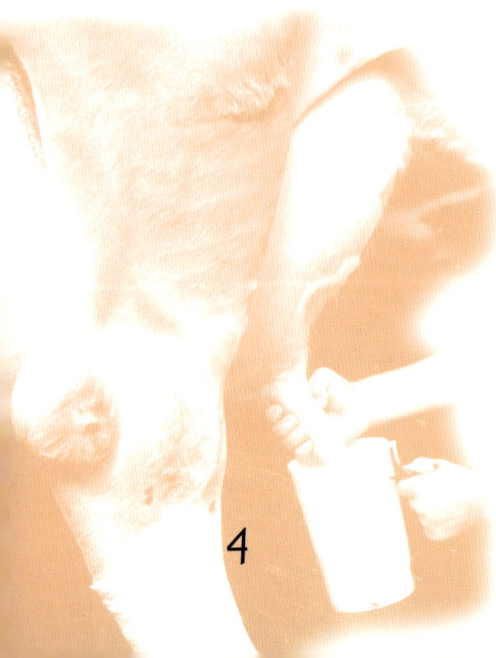

Die Milch

Unter dem Bauch der Kuh ist das Euter. Dort bildet sich die Milch. Die vier Zipfel, aus denen die Milch herauskommt, heißen Zitzen. Jeden Morgen und Abend ist das Euter voll und die Kühe werden gemolken. Eine gute Milchkuh gibt jeden Tag mehr als 20 Liter Milch. Aus der Milch werden zum Beispiel Butter, Käse, Quark, Sahne und Jogurt hergestellt.

132

Das Schwein

Unser Hausschwein hat eine rosa Haut, die mit festen, weißen Haaren, den Borsten bedeckt ist und ein Ringelschwänzchen. Mit seinem weichen Rüssel kann es sehr gut riechen und in der Erde nach Leckerbissen graben. Weibliche Schweine nennt man Sau, männliche Eber und die Jungen Ferkel.

Schlammbäder

Schweine können nicht schwitzen. Deshalb suhlen (wälzen) sie sich gern im Schlamm, um ihren Körper abzukühlen. Der Schlamm schützt sie auch vor Sonnenbrand und lästigen Insekten.

Steckbrief

Größe
rund 85 Zentimeter Schulterhöhe

Gewicht
rund 300 Kilogramm

Nahrung
sie fressen fast alles: Gemüse, Getreide, Früchte und auch Fleisch

Verbreitung
Asien, Europa und Amerika

Die Sau und ihre Jungen

Zweimal im Jahr bekommt die Muttersau etwa zwölf Ferkelchen. Die Kleinen wiegen bei der Geburt rund anderthalb Kilogramm und werden vier Wochen von der Mutter gesäugt. Damit die Ferkel aus den Zitzen unter ihrem Bauch trinken können, legt die Sau sich hin. Jedes Ferkel sucht sich eine bestimmte Zitze aus und saugt dann immer an derselben.

Das Pferd

Pferde gab es früher auf jedem Bauernhof, denn kräftige Arbeitspferde wurden zum Ziehen der Wagen und Ackergeräte gebraucht. Heute stehen meist flinke Reitpferde und Ponys auf den Weiden. Weibliche Pferde nennt man Stuten, männliche Hengste und die Jungen Fohlen.

Die Pflege der Hufe

Die Hufe der Pferde sind aus Horn und wachsen wie unsere Fingernägel. Sie müssen regelmäßig gereinigt und beschnitten werden. Da Hufe sehr empfindlich sind, werden sie durch Hufeisen geschützt.

Steckbrief

Größe
rund 1,60 Meter Schulterhöhe

Gewicht
rund 700 Kilogramm

Nahrung
sie fressen Gras und Kräuter, Heu, Hafer, Laub und Getreide

Verbreitung
auf allen Erdteilen

Die Fohlen

Die Stuten bekommen meist ein Fohlen. Das Junge versucht gleich nach der Geburt auf eigenen Beinen zu stehen. Das klappt nicht immer sofort, doch schon nach einigen Stunden können sie ihren Müttern folgen. Fohlen werden etwa sechs Monate gesäugt. Nach ungefähr drei Monaten beginnen sie auch, Gras zu fressen.

Der Esel

Esel haben ein graues oder braunes Fell und lange Ohren. Sie sind sehr ausdauernd, können gut klettern und legen mühelos lange Strecken zurück. Wenn Esel sich fürchten, werden sie störrisch und verteidigen sich durch Bisse und Huftritte.

Maulesel und Maultier

Esel und Pferde sind nah miteinander verwandt und können zusammen Kinder bekommen. Ist die Mutter ein Esel und der Vater ein Pferd, heißen die Kinder »Maulesel«, ist der Vater ein Esel und die Mutter ein Pferd, nennt man sie »Maultiere«.

Steckbrief

Größe
bis 1,50 Meter Schulterhöhe

Gewicht
bis 350 Kilogramm

Nahrung
Gras, Heu und harte, stachlige Pflanzen wie Disteln

Verbreitung
Südeuropa, Nordafrika und Kleinasien

Lastenträger

In vielen Ländern sind Esel immer noch wichtige Arbeitstiere, die vor allem zum Transportieren von Lasten gebraucht werden. Auch bei uns trugen Esel früher zum Beispiel schwere Getreidesäcke zur Mühle und kehrten mit Mehlsäcken beladen zum Bauernhof zurück. Dass Esel bereit sind, sich schwerste Lasten aufbürden zu lassen, hat ihnen wohl den Ruf der Dummheit eingebracht.

Das Schaf

Schafe sind sehr beliebte Haustiere, weil der Mensch die Wolle, die Felle, die Milch und das Fleisch schätzt. Die Tiere leben auf Weiden oder ziehen in einer Herde mit einem Schäfer und seinem Hund übers Land. Den Winter verbringen sie meist im Stall.

Die Lämmer

Schafe bekommen bis zu drei Lämmer. Bald nach der Geburt trinken die Kleinen die erste Milch bei der Mutter. Lämmer werden etwa fünf Monate von der Mutter gesäugt. Wenn sie mal weiter weggelaufen sind, erkennen sie ihre Mutter am Geruch und am Blöken.

Steckbrief

Größe
rund 75 Zentimeter Schulterhöhe

Gewicht
rund 70 Kilogramm

Nahrung
sie fressen besonders gern Gräser und Wildkräuter, Heu und Stroh und manchmal auch Laub

Verbreitung
auf allen Erdteilen

Der Schafspelz

Schafe haben ein dickes Fell, das sie auch im Winter warm hält. Im Frühjahr, wenn es draußen nicht mehr kalt ist, werden die Tiere geschoren. Mit einer besonderen Schere oder einem Rasierer wird ihnen der dicke Wollpelz abgeschnitten. Diese Wolle kann bis zu zehn Kilogramm wiegen. Die Schafe müssen dann im Sommer nicht schwitzen und bis zum Winter ist der Pelz nachgewachsen.

Die Ziege

Es gibt sehr unterschiedliche Ziegenrassen. Einige haben ein helles, andere ein dunkles oder geflecktes Fell. Manche Ziegen haben lange, andere kurze Haare. Viele haben Hörner, andere nicht. Ziegenböcke sind größer als Ziegen und haben einen langen Bart.

Kletterkünstler

Ziegen können sehr gut klettern. Auf der Suche nach Nahrung scheuen sie keine Mühe. Um einen Zweig mit frischen Blättern oder Knospen zu erreichen, richten sie sich auf die Hinterbeine auf und erklettern sogar den Baum oder Strauch.

Steckbrief

Größe
bis 1,25 Meter

Gewicht
bis 80 Kilogramm

Nahrung
sie fressen Gräser, Kräuter, Heu, Kartoffeln, Baumrinde, Laub und besonders gern junge Triebe und Knospen

Verbreitung
auf allen Erdteilen

Ziegenmilch

Wegen ihrer guten Milch werden Ziegen schon lange als Haustiere gehalten. Zum Melken greift der Ziegenhirte an die Zitzen und melkt die Ziege mit der Hand oder schließt eine Melkmaschine an. Eine Ziege gibt im Jahr bis zu 1000 Liter Milch, die hauptsächlich zur Herstellung verschiedener Käsesorten verwendet wird. Ziegenkäse schmeckt meist schärfer als Käse aus Kuhmilch.

Das Huhn

Hühner gehören zu den Vögeln, können aber nicht gut fliegen. Die Hähne haben meistens ein prachtvolles, buntes Gefieder. Ihre Hennen sind eher unscheinbar. Gackernd laufen sie auf dem Bauernhof herum und picken auf dem Boden nach Nahrung.

Wie viele Eier legt ein Huhn?

Eigentlich legt ein Huhn nur etwa zwölf Eier, so lange, bis das Nest voll ist. Macht der Bauer das Nest aber jeden Tag leer, können Hühner bis zu 300 Eier im Jahr legen, fast jeden Tag ein Ei. Die Farbe der Eier ist bei jeder Hühnerrasse etwas anders.

Steckbrief

Größe
bis 60 Zentimeter

Gewicht
bis 6 Kilogramm

Nahrung
sie picken gern nach Getreidekörnern, Samen, Pflanzenteilen, Würmern und Larven

Verbreitung
auf allen Erdteilen

Vom Ei zum Küken

Hat ein Huhn ein Nest aus Stroh voller Eier gelegt, setzt es sich auf die Eier und hält sie warm. Die kleinen Küken, die sich im Ei entwickeln, ernähren sich vom Eidotter und können aus der Luftblase im Ei atmen. Nach drei Wochen picken sie mit dem Schnabel gegen die Schale und schlüpfen heraus. Die kleinen flauschigen Küken brauchen in den ersten Tagen sehr viel Wärme.

Das Perlhuhn

Perlhühner haben auf ihrem schwarzen Federkleid unzählige kleine, helle Tupfen, die an Perlen erinnern. Die Tiere sind etwas kleiner als die gewöhnlichen Hühner. Ihr Kopf ist nackt und neben dem Schnabel hängen zwei Hautlappen. Auf dem Kopf wächst ein kleiner Aufsatz, wie ein Helm.

Auf der Wiese

Perlhühner leben eng in ihren Familien zusammen. Sie laufen gern auf der Wiese umher und stoßen dabei hohe, durchdringende Laute aus. Die Tiere sind sehr schreckhaft und geraten ganz schnell in Panik.

Steckbrief

Größe
bis 60 Zentimeter

Gewicht
bis 1,8 Kilogramm

Nahrung
sie fressen Samen und Beeren, Insekten, Schnecken, Spinnen und Würmer

Verbreitung
Europa, Afrika, Amerika und Asien

Perlhuhnküken

Zu Beginn der Brutzeit ziehen sich die Paare aus den Gruppen zurück und bauen ihre Nester unter Hecken oder Büschen. Das Huhn legt bis zu zwölf Eier in das Nest, das mit Gras und Federn weich gepolstert ist. Die Jungen schlüpfen nach etwa drei Wochen und können schon bald das Nest verlassen. Auf dem Hühnerhof wachsen Perlhuhnküken oft mit Hühnerküken zusammen auf.

Der Truthahn

Truthühner stammen aus Amerika, wo sie in freier Wildbahn leben. Sie haben ein schillerndes, schwarzes Gefieder. Hals und Kopf sind nackt, rot oder blau gefärbt und mit Hautfalten und Warzen versehen. Die Haustruthühner oder »Puten«, die auf Bauernhöfen leben, haben meist weiße Federn.

Auf Futtersuche

Beim Futtersuchen tragen Truthühner den Kopf hoch und beobachten ihre Umgebung. Dabei scharren sie mit den Füßen am Boden, halten plötzlich inne und nehmen schnell etwas vom Boden auf.

Steckbrief

Größe
bis 1,20 Meter

Gewicht
bis 20 Kilogramm

Nahrung
sie fressen Samen, Kräuter, Nüsse, Eicheln und Kastanien, Getreide aber auch Insekten und Würmer

Verbreitung
auf allen Erdteilen

Stolze Männchen

Wenn die Männchen um die Weibchen werben, streuben sie ihre Federn und stellen die Schwanzfedern zu einem Rad auf. Die Hautlappen an Kopf und Hals schwellen an. So stolziert der Hahn umher und stößt dabei kollernde, laute Rufe aus. Kommt ein anderes Männchen in seine Nähe, wird es sofort angegriffen.

Der Fasan

Fasanen wurden vor vielen hundert Jahren aus Asien bei uns eingeführt. Fürsten hielten sie wegen ihrer Schönheit und ihres wohlschmeckenden Fleisches in »Fasanerien«. Heute leben die Fasanen auf Feldern, Weiden und an Waldrändern.

Prächtig gefärbte Hähne

Fasanenhähne haben ein prächtiges, rotbraunes Gefieder, einen langen Schwanz und kurze, breite Flügel. Der Kopf schillert grünlich und um die Augen ist die Haut leuchtend rot gefärbt. Bei Gefahr können sie schnell auffliegen, meist laufen sie aber.

Steckbrief

Größe
bis 90 Zentimeter

Gewicht
rund 1,5 Kilogramm

Nahrung
sie fressen vorwiegend Körner, Beeren und grüne Pflanzenteile, mögen aber auch Insekten

Verbreitung
Europa und Asien

Die Henne und die Brut

Die Weibchen der Fasanen haben unscheinbar braune Federn mit dunklen Flecken. So sind sie bei der Brut gut geschützt. Zwischen dichten Pflanzen scharrt die Henne eine Erdmulde, die sie mit Blättern und Gras auslegt. Dann legt sie bis zu 15 olivgrüne Eier hinein. Sind die Eier nach etwa vier Wochen ausgebrütet, bleiben die Jungen nicht lange im ungeschützten Nest.

Der Hund

Hunde stammen von den Wölfen ab. Das sieht man noch am deutlichsten bei den Deutschen Schäferhunden. Sie haben einen gestreckten Körper, einen breiten Kopf und aufstehende Ohren. Ihr Fell ist wetterfest und hat eine dichte, wärmende Unterwolle.

Steckbrief

Größe
bis 70 Zentimeter Schulterhöhe

Gewicht
bis 40 Kilogramm

Nahrung
sie fressen Fleisch und nehmen manchmal auch pflanzliche Nahrung zu sich, Fertigfutter

Verbreitung
auf allen Erdteilen

Der Wachhund

Wegen seiner Wachsamkeit und seines Mutes wird der Deutsche Schäferhund häufig auf Bauernhöfen gehalten. Bei Tag und Nacht passt er auf den Hof auf und meldet sofort, wenn ein Fremder sein Revier betritt. Früher hütete er auch die Vieh- und Schafherden.

Gut ausgerüstet

Hunde hören sehr gut. Sie hören nicht nur viel leisere Töne als Menschen, sie können auch viel mehr Töne wahrnehmen. Auch die Nase von Hunden ist viel empfindlicher als eine Menschennase. Die Tiere können sich an Gerüchen orientieren und Dinge, andere Tiere oder Menschen und sogar Spuren, die diese hinterlassen haben, wieder erkennen und verfolgen.

Die Katze

Katzen haben ein weiches Fell, das graubraun getigert, weiß mit schwarzen und braunen Flecken oder ganz schwarz sein kann. Obwohl Katzen häufig anschmiegsam und freundlich sind, bleiben sie doch Einzelgänger, die gern durch ihr Revier streunern.

Kleine Kätzchen

Zweimal im Jahr bringen Katzen in einem warmen, ruhigen Versteck ihre Jungen zur Welt. Gleich nach der Geburt suchen die Kätzchen nach den Zitzen ihrer Mutter. Nach einem Monat werden sie aktiv und beginnen neugierig ihre Umwelt zu erforschen.

Steckbrief

Größe
bis 38 Zentimeter Schulterhöhe, 46 Zentimeter lang

Gewicht
bis 4 Kilogramm

Nahrung
sie fressen gern Mäuse und Ratten aber auch Vögel, Fische und Fertigfutter

Verbreitung
auf allen Erdteilen

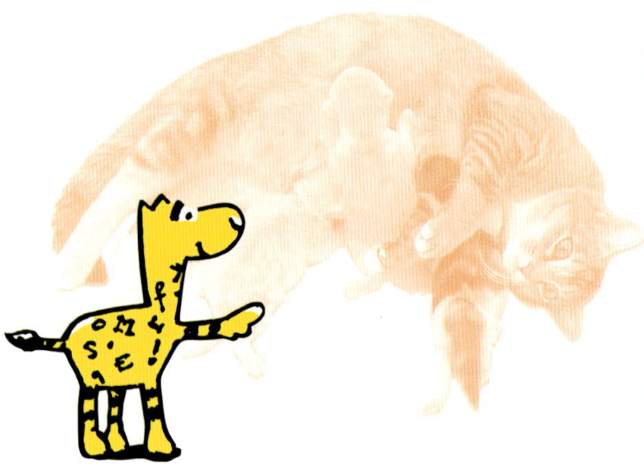

Lautlose Jäger

Den Bauern leisten Katzen gute Dienste, weil sie Mäuse und Ratten von den Getreidevorräten fernhalten. Bei der Jagd schleicht sich die Katze lautlos an ein Mäuseloch heran. Lange Zeit liegt sie dort bewegungslos, zum Sprung geduckt und lauert ihrer Beute auf. Erscheint die Maus, springt die Katze schnell hervor, fasst sie mit ihren Krallen und tötet sie durch einen Biss in den Nacken.

Die Maus

Feldmäuse leben auf Wiesen und Feldern in großen Kolonien. Sie haben ein gelbgraues bis braungraues Fell, große Augen und einen kurzen Schwanz. Ihre vier großen Nagezähne vorn wachsen zeitlebens nach. Die kleinen Tiere sind Tag und Nacht unterwegs.

Ein verzweigtes Zuhause

Die Mäuse graben dicht unter der Erdoberfläche viele Gänge mit einer Nestkammer, besonderen Kotstellen, Vorratskammern und Fluchtgängen. Zwischen den Ausgängen dieser Gänge benutzen sie immer die gleichen Wege – sogar wenn im Winter Schnee liegt.

Steckbrief

Größe
bis 12 Zentimeter,
Schwanz bis 4 Zentimeter

Gewicht
bis 50 Gramm

Nahrung
Getreide, Samen, Klee, Rüben, Gräser, Rinde, Wurzeln, auch Spinnen und Insekten

Verbreitung
Europa und Asien

Viele kleine Fresser

Wenn Feldmäuse reichlich Nahrung finden, können sie sehr viele Kinder bekommen. Ein Paar kann bis zu 2000 Nachkommen im Jahr haben. Die zahlreichen Familienmitglieder fügen den Bauern erheblichen Schaden zu, weil sie große Teile der Ernte auf dem Feld oder in der Scheune wegfressen. Die natürlichen Feinde der Mäuse auf dem Feld sind Greifvögel, Eulen und Füchse.

Die Ratte

Ratten haben ein graubraunes Fell, das zum Bauch hin heller wird und fleischfarbene Füße. Ihr Schwanz ist mit Schuppenringen bedeckt und fast so lang wie der Körper. Sie leben oft in Kellern und Ställen. Um an Leckerbissen in Vorratskammern oder Getreidespeichern zu gelangen, wühlen und nagen sie sich überall durch.

Angiffslustig

Werden Ratten von Feinden wie Katzen in die Enge getrieben, können sie sehr gefährlich werden. Mit einem schrillen Schrei greifen sie diese an und verletzen sie mit ihren Bissen.

Steckbrief

Größe
bis 27 Zentimeter

Gewicht
bis 500 Gramm

Nahrung
sie fressen kleine Tiere wie Vögel, Mäuse und Fische, auch Eier, Aas (tote Tiere), Getreide, Samen und Früchte

Verbreitung
auf allen Erdteilen

Leben in der Großfamilie

Wanderratten leben in Familiengruppen mit über fünfzig Mitgliedern, die sich am Familiengeruch erkennen und eng zusammenhalten. Sie bewohnen gemeinsam weit verzweigte, unterirdische Höhlenbauten und verteidigen ihr Revier gegen andere Rattenfamilien und Feinde. Sie ziehen zusammen ihre Jungen auf und gehen in der Dämmerung im Rudel auf Nahrungssuche.

Der Hase

Auf Wiesen und Feldern, in deren Nähe es genügend Hecken und Gebüsch gibt, lebt der Feldhase. Wegen seiner braunen Tarnfarbe, ist er meist schwer zu entdecken. Tagsüber schlummert er in seinem Lager, in der Dämmerung streift er über die Felder, um zu fressen.

Steckbrief

Größe
bis 75 Zentimeter lang

Gewicht
bis 9 Kilogramm

Nahrung
sie fressen Gräser, Kräuter, Rinde, Knospen, Zweige und auch Rüben und Kohl

Verbreitung
auf allen Erdteilen

Rivalenkämpfe

Hasen sind Einzelgänger, die sich nur zur Paarung zusammenfinden. In dieser Zeit werden die Männchen (Rammler) sehr aggressiv und liefern sich abenteuerliche Boxkämpfe um die Häsinnen.

»Angsthasen«

Hasen sind sehr scheu und wachsam, da sie sich nur durch Verstecken und eine schnelle Flucht vor Feinden schützen können. Sie sind daher mit langen Ohren (Löffeln) ausgestattet, mit denen sie leiseste Geräusche hören. Außerdem können sie sehr schnell laufen und dabei ganz plötzlich die Richtung wechseln (Haken schlagen), um ihre Feinde abzuschütteln.

Das Kaninchen

Auf dem Bauernhof werden Kaninchen im Stall gehalten – darum nennt man sie oft auch Stallhasen. Im Vergleich zu Hasen haben Kaninchen kürzere Ohren, einen größeren Kopf und kürzere Pfoten.

Verschiedene Rassen

Unsere Hauskaninchen sehen sehr verschieden aus. Ihr Fell ist unterschiedlich lang und dicht, es gibt weiße, braune oder schwarze, mit und ohne Flecken. Am kleinsten ist das rund ein Kilogramm leichte Zwergkaninchen, am größten der bis zu sieben Kilogramm schwere Deutsche Riese.

Steckbrief

Größe
bis 70 Zentimeter lang

Gewicht
bis 7 Kilogramm

Nahrung
sie fressen besonders gern Löwenzahn, Klee, Salat, Gräser, Wurzeln, Heu, Körner, Karotten, Rüben und Obstschalen

Verbreitung
auf allen Erdteilen

Die Jungen

Kaninchen können mehrmals im Jahr bis zu sechs Junge bekommen. Die Kleinen sind bei der Geburt nackt und blind. Nach kurzer Zeit bekommen sie einen weichen Flaum und nach etwa neun Tagen wächst ihnen das Fell. Nach ungefähr zwei Wochen öffnen die Jungen die Augen und beginnen, im Stall herumzuhoppeln.

Die Schnecke

An Feldrändern und in Gemüsegärten leben die roten, bräunlichen oder schwarzen Wegschnecken. Sie haben kein Schneckenhaus, aber einen deutlich erkennbaren Panzer am Rücken, der sie schützt. Neben diesem befindet sich ein Atemloch.

Wie bewegen sich Schnecken fort?

Sie gleiten auf einem feuchten Schleimband voran. Dabei bewegen sie sich mit ihrem scheibenförmigen Kriechfuß. Setzt man eine Schnecke auf eine Glasplatte, kann man von unten die wellenförmige Bewegung beobachten, mit der sie ihren Körper vorwärts schiebt.

Steckbrief

Größe
bis 15 Zentimeter lang,
2 Zentimeter breit

Nahrung
sie ernähren sich überwiegend von Pflanzenteilen wie Blättern, Gemüse und Früchten, manchmal fressen sie aber auch Aas (tote Tiere) und sogar Kot

Verbreitung
Europa

Sie lieben zartes Gemüse

Schnecken mögen die Feuchtigkeit und kommen besonders gern nach Regenschauern oder in der kühlen Nacht aus ihrem Versteck. Dann suchen sie sich in Gärten und Gemüsefeldern frische, zarte Pflanzen. Mit ihrer Zunge, die wie eine Feile aussieht, raspeln sie zarte Blätter klein. Am nächsten Morgen stehen dann nur noch die harten Stiele der Pflanzen im Beet.

Die Gans

Gänse leben in großen Familien und suchen auf Wiesen und Stoppelfeldern nach Nahrung. Sie haben einen langen Hals, kräftige Flügel und kurze Beine. Das Gefieder der Hausgans ist meist weiß mit wenigen grauen Stellen. Ihre Federn sind beliebt als Füllung für weiche, warme Kissen.

Gute Wächter

Die wachsamen Gänse ersetzen leicht einen Hofhund. Eindringlinge werden mit lang gestrecktem Hals angezischt und mit lautem Geschnatter vertrieben. Mit ihrem Schnabel können Gänse auch kräftig kneifen.

Steckbrief

Größe
rund 90 Zentimeter

Gewicht
rund 12 Kilogramm

Nahrung
sie fressen gern Gras und Kräuter auf der Wiese, aber auch Würmer, Schnecken, Insekten und Getreide

Verbreitung
auf allen Erdteilen

Entwicklung der Jungen

Im Februar bauen die Gänse ihr Nest. Sie polstern es mit Gras und Stroh aus sowie mit weichen Daunenfedern, die sie sich selbst am Bauch auszupfen. Bald legen die Gänsemütter ihre Eier hinein. Beim Brüten verlassen sie das Nest nur selten, um zu Fressen. Wenn die Jungen, die Gössel, geschlüpft sind, werden sie vom Vater, dem Gänserich, bewacht.

Die Ente

Auf offenen Weiden, rund um den Bauernhof, sieht man die weißen Hausenten schnatternd umherwatscheln. Sie leben gern in der Nähe von Wasser, denn sie sind Schwimmvögel. Damit ihnen im Wasser nicht kalt wird, bilden die Federn eine Schutzschicht, die Wasser abweist und den Körper warm hält.

Die Mauser

Im Sommer verlieren die Enten ihre alten Federn und bekommen neue. Diesen Federwechsel nennt man Mauser. Besonders die weichen, unteren Daunenfedern werden gern zum Füllen von Bettdecken verwendet.

Steckbrief

Größe
rund 65 Zentimeter

Gewicht
rund 3 Kilogramm

Nahrung
sie fressen vorwiegend Körner, Wasserpflanzen, Würmer, Schnecken und andere Kleintiere

Verbreitung
auf allen Erdteilen

Süße, gelbe Entenküken

Die Ente, das Weibchen des Erpels, legt ihre Eier in ein Nest, das sie mit weichen Daunenfedern warm auspolstert. Entenküken haben zunächst ein ganz flauschig weiches Daunenkleid. Das schützt sie aber noch nicht – wie das Federkleid ihrer Eltern – vor der Kälte des Wassers. Darum sollten die Kleinen in den ersten Tagen noch nicht nass werden oder im Teich schwimmen.

Der Frosch

In den kleinen Weihern von Bauernhöfen kann man oft Wasserfrösche beobachten. Sie sind grün mit gelblichen Rückenstreifen und schwarzen Flecken. Mit den kräftigen Hinterbeinen und den Schwimmhäuten zwischen den Zehen sind sie gute Schwimmer.

Ein Sonnenbad

Der Wasserfrosch entfernt sich selten weit vom Wasser. Tagsüber sitzt er gern auf dem Blatt einer Wasserpflanze oder einem Stein am Ufer und sonnt sich. Nähert man sich ihm, springt er mit einem »Platsch« ins Wasser und verschwindet im Pflanzengewirr.

Steckbrief

Größe
bis 12 Zentimeter lang

Gewicht
bis 45 Gramm

Nahrung
sie fressen Würmer, Fliegen und andere Insekten, die Kaulquappen fressen meist Algen

Verbreitung
Europa

Lautes Gequake

Am Abend und besonders in der Paarungszeit sind die Frösche kaum zu überhören. Die Männchen stimmen dann ein lautes Gequake an, um Weibchen anzulocken. Beobachtet man die Tiere genau, sieht man, wie sie dabei zwei weiße Schallblasen zu beiden Seiten des Kopfes ausstülpen. Die Schallblasen sorgen dafür, dass das Quaken sehr laut wird.

Der Karpfen

Karpfen leben in sehr langsam fließenden oder stehen Gewässern wie Teichen und Seen mit weichem, schlammigen Boden, vielen Pflanzen und warmem Wasser. Sie werden seit vielen Jahrhunderten als Speisefische gezüchtet.

Auf Nahrungssuche

Wenn der Karpfen hungrig ist, stülpt er sein Maul vor wie einen Rüssel und durchwühlt damit den schlammigen Grund. Mit den beiden Barteln an seinem Oberkiefer ertastet er dabei seine Nahrung wie Würmer, kleine Schnecken und Krebse, die am Boden leben.

Steckbrief

Größe
rund 40 Zentimeter

Gewicht
rund 6 Kilogramm

Nahrung
sie leben zunächst von Plankton, später von Pflanzen und kleinen Bodentieren

Verbreitung
Asien, Europa und Amerika

Das Kleid des Karpfens

Karpfen haben eine gestreckte Körperform mit einem breiten Rücken. Die Schuppen sind am Rücken meist braungrün, an den Seiten grünlich bis gelblich und am Bauch hell gefärbt. Bei einigen Karpfen sind nur noch wenige Schuppen vorhanden, man nennt sie Spiegelkarpfen. Lederkarpfen haben keine Schuppen.

Die Forelle

Forellen leben in frischen, klaren Bächen, Flüssen und Seen. Sie sind beliebte Speisefische. Bei uns wird daher die Regenbogenforelle oft in speziellen Teichen gezüchtet. Sie hat ihren Namen von den grün, rot und gelb schimmernden Schuppen an ihren Seiten, die fast wie ein Regenbogen aussehen.

Auf Insektenjagd

Vor einem Gewitter, wenn Mücken und andere Insekten sehr tief fliegen, kann man beobachten wie Forellen plötzlich aus dem Wasser in die Luft schnellen und sich die vorbeischwirrende Beute schnappen.

Steckbrief

Größe
bis 50 Zentimeter

Gewicht
bis 7 Kilogramm

Nahrung
sie fressen kleine Tiere im Wasser wie Krebse, Kaulquappen und kleine Fische sowie fliegende Insekten

Verbreitung
auf allen Erdteilen

Der Nachwuchs

Im Winter oder Frühjahr wedeln Forellenweibchen und Männchen zusammen eine Mulde in den sandigen Boden. Das Weibchen legt über 2000 Eier hinein. Dann schwimmt das Männchen darüber und gibt seinen Samen ab. Die Eier werden anschließend mit Sand zugedeckt. Im kalten Wasser schlüpfen die Jungen nach ungefähr hundert Tagen.

Der Hecht

Hechte sind große Raubfische, die in klaren, ruhigen Gewässern leben. Sie haben einen gestreckten Körper mit einem langen Kopf. In ihrem Maul, das an einen Entenschnabel erinnert, sitzen scharfe, nach hinten gebogene Zähne, die jede Beute gut festhalten.

Gut getarnt

Fast unbeweglich liegen Hechte meist in Ufernähe zwischen dichten Pflanzen auf der Lauer. Dabei dient ihnen das bräunlich-grüne Schuppenkleid mit dunklen Streifen und Punkten als hervorragende Tarnung. Die Bauchseite der Fische ist weiß bis gelblich.

Steckbrief

Größe
rund 100 Zentimeter

Gewicht
rund 8 Kilogramm

Nahrung
sie fressen Fische, Entenküken, Frösche, Ratten und Mäuse am Wasserrand

Verbreitung
Amerika, Asien und Europa

Die Jäger

Aus den Eiern der Hechte entwickeln sich winzige Fischlein, die erst kleinste Pflanzenteile fressen. Wenn sie etwa so groß sind wie ein Streichholz, beginnen sie kleine Fische zu jagen. Blitzschnell preschen sie aus ihrem Versteck hervor und beißen zu. Erwachsene Hechte jagen vor allem andere Fische, aber auch Kleintiere, die sich zu nah ans Wasser wagen.

Die Schwalbe

Schwalben sind gern gesehene Gäste auf dem Bauernhof, denn sie vertilgen für Menschen und Stalltiere lästige Insekten. Die Rauchschwalbe hat ein dunkles Gefieder, einen hellen Bauch, eine braunrote Kehle und einen langen, gegabelten Schwanz.

Auf Mückenjagd

Schwalben sind schnelle und geschickte Flieger, die ihre Beute im Flug erhaschen. Mit offenem Schnabel fliegen sie in einen Mückenschwarm. Die Mücken bleiben dabei in ihrem klebrigen Speichel hängen.

Steckbrief

Größe
bis 19 Zentimeter

Gewicht
bis 20 Gramm

Nahrung
sie fressen Insekten, meist Fliegen und Mücken, die sie im Flug fangen

Verbreitung
Europa, Afrika, Amerika und Asien

Das Nest

Rauchschwalben nisten gern unter schützenden Balken und Mauervorsprüngen von Ställen und Scheunen. Sie bauen ihr Nest aus Lehm und Stroh und polstern es mit weichen Federn aus. Das Weibchen legt bis zu fünf Eier, aus denen nach zwei Wochen die Jungen schlüpfen. Mit weit aufgerissenen Schnäbeln sitzen die Kleinen an der Nestkante und lassen sich von ihren Eltern füttern.

Der Storch

Weißstörche sind auffällig große Vögel mit einem weißen Federkleid und schwarzen Federn an den Flügelrändern. Auf ihren langen, roten Beinen waten sie gern durch feuchte Wiesen oder an Teichen entlang und suchen dort nach Nahrung.

Steckbrief

Größe
bis 1,10 Meter lang,
bis 2,20 Meter Flügelspannweite

Gewicht
bis 4,4 Kilogramm

Nahrung
Insekten, Würmer, Fische, Schlangen und Frösche

Verbreitung
Europa (Brutgebiet), Afrika und Asien

Lautes Schnabelklappern

Mit ihrem langen, roten Schnabel können die Störche ganz laut klappern. Das hört man, wenn sie im Frühjahr ihr Nest belegt haben oder die Männchen ihre Weibchen rufen und um sie werben. Auch wenn sich die Eltern bei der Brut ablösen, ist das Geklapper groß.

Ein Nest auf dem Scheunendach

Manchmal befestigen Bauern alte Wagenräder auf den Dächern ihrer Scheunen. Sie wollen damit Störche zum Bau eines Nestes einladen, wenn diese im Frühjahr aus ihren Winterquartieren in Afrika zurückkommen. Das große Storchennest wird aus Zweigen und Ästen gebaut. Dort hinein legt das Storchenweibchen bis zu fünf Eier. Die Storcheneltern ziehen die Jungen gemeinsam groß.

Die Fledermaus

Die nur daumengroße Zwergfledermaus ist eine unserer häufigsten Fledermäuse. Oft hält sie sich in der Nähe von Menschen auf und fliegt sogar in Kuhställe, um dort Insekten zu jagen. Im Winter schlafen die Tiere mit dem Kopf nach unten hängend in Scheunen, Mauerspalten und auf Dachböden.

In der Falle

Die Zwergfledermaus hat ein großes Maul mit spitzen Schneide- und Eckzähnen, das sie im Flug offen hält. Erwischt sie ein Beutetier, schließt sie blitzschnell ihr Maul wie eine Falle und zermahlt es mit den Backenzähnen.

Steckbrief

Größe
bis 4 Zentimeter, Flügelspannweite bis 20 Zentimeter

Gewicht
bis 7 Gramm

Nahrung
die Tiere ernähren sich von Insekten wie Mücken und kleinen Nachtfaltern

Verbreitung
Asien und Europa

Jagd im Dunkeln

Vor allem in der Nacht fliegen die Fledermäuse los, um Beute zu fangen. Dabei stoßen sie hohe Schreie aus, die wir Menschen nicht hören. Treffen die Töne auf ein Hindernis oder ein Beutetier, werden sie wie ein Echo zurückgeworfen und vom unglaublich feinen Gehör der Fledermäuse aufgefangen. Am Echo erkennen die Tiere Größe und Entfernung des Hindernisses.

Die Fliege

Die häufigste einheimische Stechfliege ist der Wadenstecher. Er lebt vorwiegend in ländlichen Gegenden und sieht der Stubenfliege recht ähnlich. Auffällig sind die beiden großen, weit auseinander stehenden Augen auf dem hellgrauen Kopf.

Schnelle Vermehrung

Die Weibchen legen ihre bis zu 600 Eier gern in feuchtwarmen Kuh- oder Pferdemist. Aus den Eiern kriechen Maden, die sich nach kurzer Zeit in einer Hülle verpuppen und in Fliegen verwandeln. Die Entwicklung vom Ei bis zur Fliege dauert nur 14 Tage.

Steckbrief

Größe
bis 8 Millimeter lang

Nahrung
die Tiere ernähren sich vom Blut von Säugetieren wie Rindern und Pferden oder von Menschenblut, aber auch von verrottenden Stoffen

Verbreitung
auf allen Erdteilen

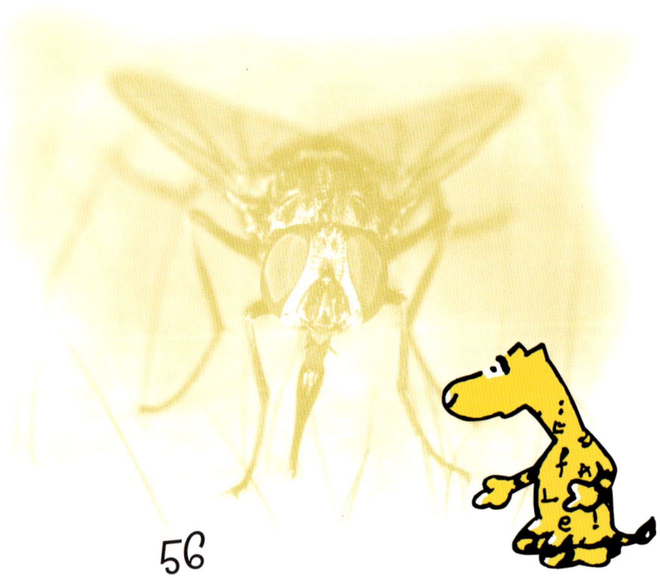

Blutsauger

Wadenstecher leben meist auf Viehweiden und in Ställen. Um an das Blut von Rindern, Pferden und manchmal auch von Menschen zu gelangen, fügen sie ihnen mit ihrem vorstehenden Stechrüssel schmerzhafte Stiche zu. Dazu fliegen sie meist von unten an ihre Opfer heran und stechen in die Waden – daher ihr Name.

Die Bremse

Die größte bei uns vorkommende Bremse ist die Rinderbremse. Sie lebt meist in der Nähe von Gewässern und Viehweiden. Man erkennt sie an ihrem sehr breiten Kopf mit den smaragdgrünen, prächtig schillernden Augen und dem dunkelgestreiften Rücken.

Die Nachkommen

Die Weibchen legen ihre Eier an Grashalmen oder auf feuchtem Boden ab. Aus ihnen entwickeln sich zunächst Larven, die sich in feuchtem, modernden Material aufhalten und anderen Insektenlarven nachstellen. Später verwandeln sie sich in fertige Bremsen.

Steckbrief

Größe
bis 24 Millimeter

Nahrung
die Männchen saugen an Blüten, die Weibchen saugen Blut von Rindern und Pferden, die Larven ernähren sich von Kleintieren im Boden

Verbreitung
Europa, Asien und Afrika

Schmerzende Stiche

Rinderbremsen haben die Gewohnheit, plötzlich zu erscheinen und wieder zu verschwinden, wobei sie sehr schnell und geräuschlos fliegen. Während die Männchen sich von Pflanzensaft ernähren, verfolgen die Weibchen Rinder, Pferde und manchmal auch Menschen, um deren Blut zu saugen. Bremsenstiche können sehr schmerzhaft sein, da der Stechrüssel recht breit ist.

Der Mistkäfer

Frühlingsmistkäfer haben einen hochgewölbten, dunkelblau oder schwarz schillernden Körper. Die Beine sind behaart und die kurzen Fühler haben an ihren Enden Fächer. Sie leben in der Nähe von Viehweiden und Reitwegen, wo sie reichlich Nahrung finden.

Auf der Suche nach Mist

Am Abend fliegen die Käfer mit lautem Gebrumm umher und suchen nach frischem Mist. Auch wenn sie am Boden laufen, strecken sie immer wieder ihre Fühler in den Wind, um Kuhfladen oder Pferdeäpfel aufzuspüren.

Steckbrief

Größe
bis 2 Zentimeter

Nahrung
die Käfer und auch ihre Larven ernähren sich von Misthaufen und Kot wie zum Beispiel Kuhfladen oder Pferdeäpfeln

Verbreitung
Europa und Asien

Unter der Erde

Nach der Paarung graben die Mistkäferweibchen unter Mist- oder Kothaufen eine etwa 50 Zentimeter tiefe Röhre in den Boden. Von dieser gehen zahlreiche Seitenröhren ab, die Brutkammern. In jede Kammer legen die Weibchen ein Ei. Danach füllen sie sie bis oben hin mit Mist, damit die Larven nach dem Schlüpfen etwas zum Fressen haben.

 Der Kartoffelkäfer

Der Kartoffelkäfer hat sich von Amerika aus in der ganzen Welt verbreitet. Mit Schiffen kam er, versteckt zwischen Pflanzen, nach Europa. Weil er hier keine natürlichen Feinde hat, konnte er sich schnell ausbreiten. Er lebt meist in Gärten und auf Kartoffelfeldern.

Steckbrief

Größe
bis 10 Millimeter

Nahrung
sie fressen vor allem die Blätter von Kartoffelpflanzen, aber auch von Tollkirschen, Tabak und einigen anderen Pflanzen

Verbreitung
auf allen Erdteilen

Unverwechselbar

An den zehn schwarzen Linien auf den gelben Flügeldecken – fünf auf jeder Seite – und den schwarzen Punkten auf dem bräunlichen Halsschild ist der Käfer leicht zu erkennen. Er kann mit keiner anderen Art verwechselt werden.

Das Leben auf der Kartoffelpflanze

Im Frühsommer kriechen die Käfer aus dem Boden hervor, fliegen Kartoffelpflanzen an und legen ihre Eier an der Unterseite der Blätter ab. Nach einer Woche schlüpfen die Larven, die mächtig Hunger haben. Käfer und Larven ernähren sich von den Blättern der Kartoffel. Die Kleinen fressen Löcher in die zarten Blattinnenteile, während die Eltern auch die harten Blattränder nicht verschonen.

Der Schmetterling

Einer unserer häufigsten Schmetterlinge ist der Große Kohlweißling. Er ist von April an vor allem in Gärten und auf Gemüsefeldern anzutreffen. Seine weißen Flügel haben schwarze Spitzen, die Flügel der Weibchen außerdem zwei dunkle Flecken.

Süßer Nektar und Kohlblätter

Die Falter fliegen von Blüte zu Blüte, denn sie ernähren sich von süßem Blütensaft (Nektar), den sie mit ihrem langen Rüssel aus den Blütenkelchen saugen. Die Raupen fressen vor allem Kohlblätter. Daher haben die Schmetterlinge ihren Namen.

Steckbrief

Größe
um 2,5 Zentimeter lang, Flügelspannweite bis 6,5 Zentimeter

Nahrung
Pollen und Blütennektar, die Raupen fressen Pflanzenteile, vor allem Kohlblätter

Verbreitung
Afrika, Asien und Europa

Schnell wachsende Raupen

Die Weibchen legen ihre Eier an die Unterseite von Kohlblättern. Aus ihnen entwickeln sich in zwei Wochen die gefräßigen Raupen. Anfangs sind sie nur zwei Millimeter lang. Nach vier Tagen sind sie schon mehr als doppelt so groß und nach drei Wochen sind sie ausgewachsen. Dann verpuppen sie sich in einer schützenden Hülle und verwandeln sich in einen Schmetterling.

Der Habicht

Der stattliche Habicht oder Hühnerhabicht ist ein großer, kräftiger Greifvogel. Er hat kurze, aber breite und gerundete Flügel sowie einen langen, gerade abgeschnittenen Schwanz. Die Oberseite seines Gefieders ist schwarzbraun, die Unterseite graubraun gestreift.

Steckbrief

Größe
bis 61 Zentimeter, Flügelspannweite bis 1,20 Meter

Gewicht
bis 1,6 Kilogramm

Nahrung
Vögel und Säugetiere bis zur Größe von Hasen

Verbreitung
Europa, Afrika, Asien und Amerika

Das Zuhause

Habichte leben an Waldrändern, die an offene Felder und Wiesenflächen angrenzen. Ihre großen Nester (Horste) bauen sie auf alten, hohen Bäumen. Sie bestehen aus Reisig und dürren Ästen und werden mit grünen Tannenzweigen belegt.

Gewandte Flugjäger

Der Habicht ist ein schneller, wendiger Flieger, der seine Beute in der Luft oder am Boden jagt und im Überraschungsangriff überfällt. Auf Bauernhöfen, die nahe an Waldgebieten liegen, kann man schon mal beobachten, wie ein Habicht plötzlich über den Hühnerhof saust, blitzschnell ein Huhn ergreift und damit verschwindet, noch ehe man ihn richtig bemerkt hat.

Der Bussard

Bussarde gehören zu den Greifvögeln. Wenn sie im Gleitflug über die Felder schweben, kann man sie gut an ihrem kurzen Schwanz, den breiten Flügeln und dem eingezogenen Kopf erkennen. Ihre Rufe erinnern an das Miauen einer Katze.

Auf Beobachtungsposten

Der Mäusebussard bewacht gern von erhöhter Stelle sein Revier. Oft sitzt er stundenlang auf einem Weidezaun, um seiner Lieblingsspeise, den Feldmäusen, nachzujagen. Erspäht er ein Beutetier, segelt er über die Wiese und schlägt zielsicher im Sturzflug zu.

Steckbrief

Größe
bis 56 Zentimeter, Flügelspannweite bis 1,40 Meter

Gewicht
bis 1,4 Kilogramm

Nahrung
sie fressen gern kleine Säugetiere wie Mäuse, Ratten und Hasen

Verbreitung
Europa, Afrika, Asien und Amerika

Die Bussardfamilie

Im Frühjahr zieht das Bussardpaar zwei bis drei Junge in seinem großen Horst aus Ästen und Zweigen auf. Die Eier werden überwiegend vom Weibchen ausgebrütet. Die ersten Tage nach dem Schlüpfen der Jungen schafft allein das Männchen die Nahrung herbei. Später jagen beide Eltern, aber nur die Mutter verfüttert die Beutestückchen an die Jungen.

Die Krähe

Krähen sind große Vögel, die besonders durch ihr tiefes, raues Gekrächze auffallen. Die blauschwarz schillernde Saatkrähe ist durch den unbefiederten, hellgrauen Teil des Gesichts um den Schnabel herum leicht zu erkennen. Außerdem hängen ihre Bauchfedern wie eine Hose über die Beine herab.

Krähennester

Saatkrähen sind sehr gesellige Tiere. Sie brüten in großen Gesellschaften (Kolonien) und bauen ihre Nester so nah nebeneinander, dass sich in einem Baum häufig bis zu fünfzig Nester befinden.

Steckbrief

Größe
bis 46 Zentimeter, Flügelspannweite bis 90 Zentimeter

Gewicht
bis 600 Gramm

Nahrung
sie fressen Kleintiere und Pflanzenkost

Verbreitung
Europa und Asien

Allesfresser

Wenn die Saatkrähen hungrig sind, fliegen sie auf Äcker, Wiesen und Felder der Umgebung und picken mit ihrem kräftigen Schnabel Würmer, Schnecken und Insekten sowie Getreide und Sämereien vom Boden auf. Bisweilen stibitzen sie auch frisch angelegte Saat und machen sich dadurch bei Bauern unbeliebt. Sie sind Allesfresser, die sich von tierischer und pflanzlicher Kost ernähren.

Der Sperling

Feldsperlinge sind kräftige, kleine Singvögel, die offene Landschaften mit Hecken und Feldgehölzen bewohnen. Sie sind gesellige Tiere, die meist in kleinen Schwärmen umherfliegen. Im Winter kommen sie auch in die Dörfer, um Nahrung zu suchen.

Äußerlich nicht zu unterscheiden

Bei den Feldsperlingen sehen Männchen und Weibchen gleich aus. Sie haben einen kastanienbraunen Kopf, eine weiße Kehle und weiße Wangen mit einem schwarzen Ohrfleck. An ihrem kurzen, kräftigen Schnabel erkennt man, dass sie gern Körner fressen.

Steckbrief

Größe
rund 14 Zentimeter

Gewicht
rund 25 Gramm

Nahrung
sie fressen besonders gern Körner und Samen aber auch grüne Pflanzenteile oder kleine Tiere wie Insekten

Verbreitung
Europa und Asien

Das Nest

In Baumlöchern, Mauerritzen oder auch in Nistkästen bauen Feldsperlingspaare ihr Nest. Es besteht aus Halmen und Blättern und wird mit weichen, warmen Federn ausgelegt. Die Vögel bekommen dort meist zweimal im Jahr vier bis sechs Junge, die sie gemeinsam aufziehen bis sie flügge sind und das Nest verlassen können.

Die Lerche

Auf Feldern, Äckern und Wiesen leben die Feldlerchen. Sie haben ein bräunliches Gefieder mit dunklen Flecken an Kopf und Brust und einen langen Schwanz mit weißen Rändern. Auf dem Kopf können sie einige Federn so wie eine Haube aufrichten.

Am Erdboden zu Hause

Lerchen halten sich vorwiegend am Boden auf, darum können sie gewandt trippeln und laufen. Ihr Nest bauen sie gut versteckt in einer Mulde. Die grau oder bräunlich gefärbten und gefleckten Eier sind selbst aus kurzer Entfernung kaum zu entdecken.

Steckbrief

Größe
rund 18 Zentimeter

Gewicht
rund 40 Gramm

Nahrung
sie fressen Insekten, Käfer, Spinnen und Würmer sowie Getreide, Samen und kleine, grüne Blättchen

Verbreitung
Europa und Asien

Beeindruckende Sänger

Bei einem Spaziergang über Wiesen und Felder kann man den typischen Singflug der Lerchenmännchen beobachten. Mit stark gespreiztem Schwanz steigen sie nahezu senkrecht, turmhoch in die Luft. Dort trillern sie weithin vernehmbar ihr Lied und kennzeichnen ihr Revier. Nach einigen Minuten schweben sie zur Erde zurück und stürzen sich die letzten Meter wie ein Stein vom Himmel.

Der Star

Zu unseren häufigsten Vögeln gehört der Star. Im Winter und Vorfrühling hat er ein schwarzes, grünviolett schillerndes Federkleid mit vielen weißen Tupfen. Über den Sommer verschleißen die hellen Federspitzen vom Schlüpfen durch enges Geäst und das Gefieder wird langsam ganz dunkel.

Lustiger Gesang

Der unterhaltsame Gesang der Stare ist mehr ein Geschwätz als ein Lied. Neben flötenden und pfeifenden Lauten werden auch Geräusche der Umgebung wie das Gackern von Hühnern täuschend echt nachgeahmt.

Steckbrief

Größe
bis 22 Zentimeter

Gewicht
rund 80 Gramm

Nahrung
sie fressen Kleintiere wie Insekten, Würmer und Schnecken, aber auch Beeren und Früchte

Verbreitung
Europa und Asien

Riesige Schwärme

Vor allem im Spätsommer und im Herbst vereinigen Stare sich zu großen Schwärmen aus vielen tausend Tieren. Tagsüber suchen sie meist Wiesen und Felder nach Würmern und Insekten ab. Im Herbst plündern sie auch gerne Kirschbäume und Weinberge, darum schützen die Obst- und Weinbauern ihre Früchte mit großen Netzen.

Register

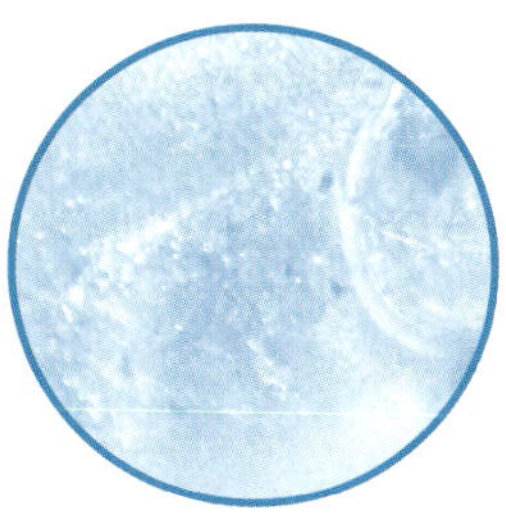

Abbildungsnachweis

aisa, Barcelona: 3, 12, 50, 78; Blickwinkel Dr. Thorsten Schröer, Witten: 5/Schmidbauer, 9/Lenz, 17/Lenz, 21/Schmidbauer, 23/Meyers, 30/Kjaer, 31/Kjaer, 33/Meyers, 45/Grünewald, 53/Höfer, 65/Schmidbauer, 69/Kjaer, 72/Höfer, 73/Höfer, 75/Höfer, 77/Giel; Document Vortragsring e.V., München: 42/Göhler, 52/Trippmacher, 78 u.l./Göhler; Dorling Kindersley, London: 38, 60, 62, 78 u.M., 79 u.r.; D. Robert Franz, Morrison: 28; Stephanie Grote, Detmold: 39; IFA-Bilderteam GmbH, Ottobrunn: 59/Krahmer; Interfoto, München: 6; Juniors Bildarchiv, Ruhpolding: 7, 13, 18/Layer, 19/Layer, 27, 49, 51, 61; Mauritius, Mittenwald: 48/Schmidt-Luchs, 55/Reinhard; Okapia KG, Frankfurt: 25/Vock, 35/Hubert, 37/Reinhard, 41/Schacke/Naturbild, 46/KHS, 47/KHS, 54/Packwood/OSF, 56/Vock, 58/Fürst, 76/Köpfle, 79 u.l./KHS; RCS Libri & Grandi Opere SpA Milano/Il mondo degli animali: 14; Silvestris online, Dießen: 4/Heine, 8/Lenz, 10/Lenz, 11/Lenz, 15/Burkart, 16/Rutel/Photopress, 20/Hosking, 29/Hecker, 36/Jacobi, 43/Walz, 57/Bühler, 63/Bühler, 64/Wahl, 66/FLPA, 67/FLPA, 68, 70/Walz, 71/Hecker.

Abbildungen auf dem Einband:
Gans, Hühner: Caro Fotoagentur GbR, Berlin; Rückseite Pferd, Kuh, Pferd, Schwein, Katze: Juniors Bildarchiv, Ruhpolding.